MÉMOIRES

SUR

L'AGRICULTURE.

Ces Mémoires, imprimés à un très-petit nombre d'exemplaires, ne sont point destinés à être mis en vente par des libraires : mais ils seront donnés à quelques amis véritables de l'Agriculture; à ces hommes estimables qui s'honorent de professer, d'encourager, ou de protéger le premier, le plus utile, le plus universel, le plus puissant et le plus noble de tous les arts.

MÉMOIRE
SUR
UNE HERSE COMPOSÉE.
SUIVI
D'UN AUTRE MÉMOIRE
SUR
UN INSTRUMENT
QUI MÉRITERAIT LE NOM DE MOISSONNEUR UNIVERSEL,

AVEC FIGURES.

PRÉCÉDÉS

D'UN DISCOURS SUR L'AGRICULTURE.

PAR J.-B. RHODES,

VÉTÉRINAIRE, NATURALISTE ET CULTIVATEUR, A PLAISANCE, DÉPARTEMENT DU GERS.

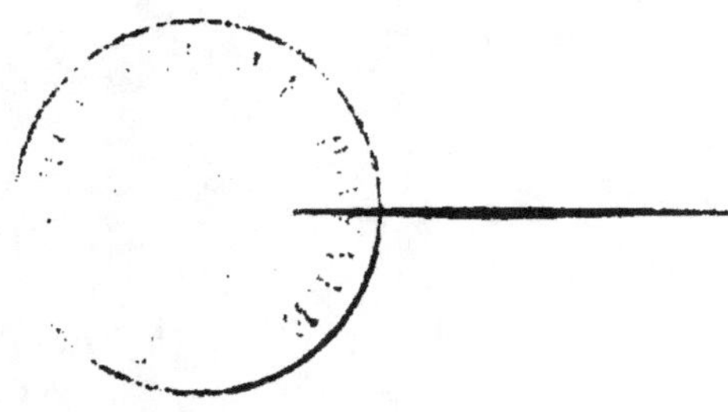

A TARBES,

De l'Imprimerie de R.[d] LAGARRIGUE, imprimeur de la Préfecture, place de la Portete.

1822.

DISCOURS
SUR
L'AGRICULTURE.

L'ÉTUDE de la nature ; les observations, les expériences, les essais nouveaux et variés sur des terres différentes et dans des tems différens; la simplicité, la solidité et l'économie dans la construction des instrumens aratoires, jointes à la célérité et à la perfection du travail qu'ils doivent exécuter en employant peu de tems et peu de forces ; la simplification et l'économie, jointes à la célérité et à la perfection dans les différentes opérations agricoles; la culture, la multiplication et l'amélioration des plantes utiles, de celles surtout qui sont de première nécessité ; l'abondance des récoltes, sans épuiser le sol, jointe à la qualité distinguée des fruits, et à la manière de les conserver et de les utiliser lucrativement; l'éducation, la multiplication et l'amélioration des animaux domestiques; la météorologie et les autres phénomènes physiques particuliers et généraux de notre planète, ainsi que ceux des astres voisins, afin de prévoir, autant que possible, les causes ordinaires et extraordinaires qui font varier si fréquemment et si singulièrement le caractère particulier qui distingue les jours, les saisons, les années, pendant le cours des siècles; enfin, la composition élémentaire, l'anatomie, la physiologie, l'hygiène, la pathologie, en un mot, la *médecine entière* des couches inférieures de l'atmosphère, des terres arables, des végétaux et des animaux utiles, devraient occuper continuellement, sous toutes les latitudes, les loisirs des cultivateurs intelligens, instruits et courageux, pour reculer les bornes amovibles du premier, du plus utile, du plus puissant et du plus noble de tous les arts, L'AGRICULTURE! de cet art, presqu'universel, que l'homme a créé en ravissant pour un moment quelques êtres paisibles à la nature, afin d'en obtenir, avec des matériaux divers qu'il accumule et prodigue au tour ou dans l'intérieur de leurs organes, des alimens et des soutiens vivifians pour maintenir son existence passagère au milieu des tourbillons passagers des sociétés qu'il forme çà et là sur la terre, depuis les tems ténébreux où il vivait par les soins et sous les simples lois de la nature.

La pêche et la chasse, ces arts vagabonds, qui rappellent l'enfance de l'espèce humaine, errante sur les rives des eaux, ou dans les bois, mais indispensables et de première nécessité dans plusieurs contrées du monde actuellement habité, sont accessoires et dépendantes de l'agriculture; parce que l'homme, par l'organisation qui le distingue, conséquemment par ses besoins, n'est point essentiellement carnivore, et parce que s'il a été une époque où il ne cultivait ou ne fouillait pas la terre, de quelque manière que ce fut, pour se procurer une partie de sa nourriture, cette époque se perd pour nous dans la nuit des tems.

La foule de tous les autres arts, utiles, ou d'agrément, sont aussi, directement ou indirectement, des enfans ou des serviteurs de l'agriculture, à laquelle ils doivent leur naissance, leur institution, leur prospérité et les matériaux divers qui les alimentent.

Les sciences mêmes, ces flambeaux divins toujours croissans, qui l'éclairent et la conduisent avec sagesse, en sont dépendantes; parce que sans son secours, obligées de chercher leur propre subsistance dans la nature, elles ne pourraient se livrer entièrement, avec fruit et avec sécurité, à leurs expériences curieuses et à leurs ingénieuses et utiles méditations.

Les potentats et leur longue série de gouvernans, qui l'escortent et la protègent par leur force, en sont également dépendans; parce que c'est d'elle qu'ils obtiennent, directement ou indirectement, d'abord, les substances qui entretiennent leur existence, et, ensuite, leur véritable richesse, leur véritable force, et, conséquemment, leur véritable et stable grandeur.

L'Agriculture, cette nourrice inestimable du genre humain, entourée de sa famille entière, sa compagne inséparable, qui l'aide, l'éclaire, l'escorte et la protège dans ses opérations, peut se suffire à elle-même, peut vivre tranquille et même très-heureuse, sans secours étrangers, avec les produits seuls de sa propre industrie; mais elle ne fait que végéter et reste stationnaire, si le COMMERCE, son ame encourageante, ne vient stimuler son activité, et augmenter la force vitale de tous ses ressorts, en échangeant et faisant circuler réciproquement le superflu de tous ses produits naturels, pour faire jouir simultanément toutes les nations des biens sans nombre que la terre nous prodigue sous toutes les latitudes.

Mais ce commerce, qui a son siége principal sur les rives maritimes et au sein des grandes cités, d'où il se ralentit progressivement vers le centre des continens et des campagnes, ne peut rien par lui-même; il dépend entièrement de ceux qui sont faits pour la protéger elle-même; ils peuvent l'accélérer, le ralentir, même l'éteindre à volonté; et, conséquemment, accélérer, ralentir, même éteindre la marche, l'activité et l'étendue de cette mère laborieuse et de la partie essentielle de sa famille; mais, par un effet direct de la même conséquence, la sustentation, la richesse, la force et la grandeur de ces protecteurs eux-mêmes, augmentent, diminuent, ou s'éteignent dans la même progression : de sorte que ce commerce pourrait être considéré comme un grand THERMOMÈTRE, pourvu de branches infinies de toutes les dimensions, et mis en mouvement par la chaleur seule des gouvernans, qui marque ponctuellement, dans son échelle de gradation, l'état d'élévation, ou d'abaissement, dans lequel se trouvent les nations; son zéro marque invariablement leur état stationnaire, voisin de la glace; son élévation leur état de prospérité, de grandeur et de lumières; et son abaissement leur état de décadence, de destruction et de ténèbres.

Ce grand thermomètre n'a point toujours une marche insensible et réglée dans son ascension et dans son abaissement ; il éprouve par tems, comme celui qui marque l'état du principe qui anime la nature entière, et qui, en particulier, échauffe, excite et détermine la multiplication des êtres par sa présence et son activité, tandis qu'il les glace, les engourdit, et repousse leur procréation par son absence et son inaction, il éprouve par tems, dis-je, des ANOMALIES et des PERTURBATIONS plus ou moins subites, indispensables et nécessaires, par l'approche ou la présence de quelqu'orage violent, de quelque grande intempérie, ou de quelqu'autre phénomène extraordinaire de la nature, qui, par les torrens de feu et de lumière, ou de glace et de ténèbres, qu'ils versent dans un instant, selon la nécessité et l'état du tems, viennent chasser la monotonie, l'insouciance et l'apathie, pour ranimer le ton affaibli de ses organes vitaux; mais ces anomalies et ces perturbations, cessant avec la cause qui les a déterminées, sont ordinairement de peu de durée, et le trouble momentané qu'elles ont produit est bientôt après plus que compensé par le bien-être général qui s'en suit.

Mais alors, il faudrait maintenir ce bien-être, reculer même ses bornes, en éludant autant que possible les orages futurs; et les seuls moyens à mettre en usage pour y parvenir, consistent à marier légitimement le COMMERCE avec L'AGRICULTURE et sa FAMILLE ENTIÈRE; à établir entr'eux des droits respectifs et inviolables, conformément à la raison, aux besoins et aux lieux; et, ensuite, à les abandonner, avec sécurité, à l'état d'indépendance et de liberté, pour leur permettre d'exercer avec contentement et avec fruit leur talent et leur industrie successivement par toute la terre, conformément à la marche, aux intentions et aux vœux de la nature et du créateur.

Car, tout se tient et s'enchaîne dans les tourbillons passagers des sociétés, comme dans ceux qui constituent le vaste UNIVERS; si quelque rouage s'y trouve en souffrance, dans quelque point que ce soit, il entraîne la souffrance du reste de la machine, en raison directe de son importance; si le moteur principal qui l'anime est agonisant, la machine entière se trouve plongée dans une mort apparente; si DIEU lui-même n'existait point, l'Univers serait encore plongé dans la nuit épouvantable du néant.

HONNEURS SOIENT RENDUS AUX BONS GOUVERNANS!

MÉMOIRE
SUR
UNE HERSE COMPOSÉE.

Je réfléchissais, pendant le courant de l'hiver dernier, 1822, sur le hersage printanier de cent cinquante hectares de terre labourable, ensemensés, à plat, en blé, en seigle, ou en avoine, dans les mois d'octobre et de novembre, 1821, qui composaient cette année l'étendue de ma récolte de céréales.

Je possédais, à cette époque, un grand nombre de herses, de différentes formes et de différentes grandeurs, très-avantageuses pour les hersages ordinaires; mais elles étaient trop pesantes pour exécuter convenablement cette opération : et les fagots d'épines, tant préconisés, ne produisaient non plus qu'un travail imparfait.

Ces considérations, jointes au désir que

j'avais d'exécuter ce hersage, me firent penser : et, à l'instant, je fus entraîné dans une série d'idées qui me conduisirent, peu à peu, à la découverte d'une HERSE COMPOSÉE, la plus simple, la plus économique, et à la fois, la plus expéditive peut-être de celles qui sont connues, soit pour donner le dernier hersage aux céréales qu'on confie à la terre, à l'époque des semailles, lequel achève de les espacer et de les couvrir parfaitement; soit pour ameublir la terre qui a éprouvé l'effet des gélées, et buter, au printems, ces mêmes plantes, qui, par l'abondance des grains salubres et bienfaisans qu'elles nous prodiguent, presque dans tous les climats et sous toutes les latitudes, fournissent l'aliment principal de la plupart des nations; soit pour couvrir légèrement les graines menues, qui demandent à être peu enterrées, et surtout celles qui constituent la base des prairies artificielles, ces plantes précieuses et inestimables qui, absorbant plus de nourriture de l'atmosphère qui les environne que de la terre qui les supporte, et donnant en même tems d'abondantes récoltes, toujours renaissantes, pour la nourriture des animaux domestiques, tout en améliorant le sol, peuvent être considérées comme le trésor inépuisable et le soutien infaillible de la bonne et sage agriculture.

Je fis travailler successivement de grandes et de petites herses; j'observai attentivement leur marche et leurs effets, et je vis que les premières hersaient très-imparfaitement les terres qui n'avaient point une surface plane, ou horisontale, parce qu'elles ne portaient que sur les hauteurs par quelques points : tandis que les secondes faisaient un travail complet, parce qu'elles touchaient successivement et sur les hauteurs, et dans les cavités ou bas-fonds ; mais elles n'étaient point aussi expéditives, en raison de leur petitesse, et ne pouvaient conséquemment remplir mon projet, qui était d'obtenir un bon et grand travail en employant peu de tems et peu de forces.

J'imaginai de joindre ensemble un certain nombre de ces petites herses, pour en composer une plus grande, en les disposant d'une manière convenable, afin de produire l'effet que je désirais. Dès lors, je me livrai à des essais plus originaux les uns que les autres, quoique très-curieux et très-avantageux sous plusieurs rapports; enfin, je conçus dans mon esprit la véritable disposition qu'il fallait leur donner : et, presqu'immédiatement après, la NATURE vint consolider mon idée, à cet égard, en me mettant sous les yeux, par hazard, le passage d'un vol rectangulaire d'une troupe d'oies sauvages, qui, disposées et conduites, dans l'air atmosphérique, par le génie inimitable de L'INSTINCT, par la main toute-puissante du CRÉATEUR, m'offrirent, par leur ensemble, son image pour-ainsi-dire matérielle, telle à peu près que je vais la peindre.

Cette grande herse se compose d'un cadre et de quinze petites herses.

Le cadre se compose lui-même de deux branches, d'une traverse, de trois roulettes, de seize crochets et d'une chaîne. Les branches, confectionnées avec un bois solide, de cinq mètres de longueur, sur dix centimètres carrés de diamètre chacune, sont jointes ensemble par l'une de leurs extrémités, et s'écartent des deux autres opposément

posément et successivement jusqu'à ce qu'elles constituent à peu près un angle droit. La traverse, solide également, est fixée au-dessous, en arrière et à cinquante centimètres de la jointure des branches, afin de s'opposer à leur rapprochement, ainsi qu'à leur écartement, et, conséquemment, d'augmenter leur force et leur résistance. Les roulettes, de dix centimètres de rayon, sur autant de diamètre, sont placées dans des chapes fixes de vingt centimètres de hauteur, l'une au-dessous et au centre de la traverse, et les deux autres dessous et à un tiers de distance de l'extrémité de chaque branche, parallèlement à la ligne droite qui partagerait le cadre en deux angles exactement égaux. Les crochets sont placés, un sur la pointe du cadre, un autre sur le centre de la traverse, et sept sur chaque branche, à la distance parallèle de cinquante centimètres les uns des autres, et parallèlement aussi à la ligne droite qui partagerait le cadre en deux angles exactement égaux : le premier, le plus grand et le plus fort, est dirigé en arrière, et les autres, plus petits et plus faibles, sont dirigés en avant. La chaîne, forte et de deux mètres de longueur, à laquelle on peut substituer un palonnier, à volonté, offre une extrémité simple fixée dans le grand crochet, et une autre libre terminée par un grand anneau propre à y atteler les animaux qui servent au tirage.

Chaque petite herse est composée de quatre pièces plates, de quarante dents, et d'une chaîne. Les pièces plates ont douze centimètres de largeur sur trois d'épaisseur, et constituent, par leur assemblage, un carré de cinquante centimètres de large sur trente-cinq de long. Les dents, quadrangulaires et pointues, de huit centimètres de longueur, sur un et demi de diamètre, garnissent le dessous de la traverse antérieure et de la postérieure, où elles sont disposées en quinconce sur deux lignes alternes dans chacune. La chaîne, de quatre-vingts centimètres de longueur, à l'exception de celle de la herse du centre qui n'en a que quarante, offre une extrémité bifurquée fixée au milieu du bord antérieur de la traverse antérieure, et un autre simple et libre terminée par un petit anneau accroché dans un des petits crochets du cadre, d'où on peut le décrocher à volonté. Ces petites herses, ainsi composées, et disposées l'une à côté et à vingt centimètres derrière de l'autre, pèsent cinq kilogrammes chacune. *Voyez la planche première.*

Lorsqu'on se propose de faire travailler cette grande herse, on y attelle une paire de bœufs de moyenne force, ou une bonne paire de vaches, ou un fort cheval; ces animaux peuvent la traîner avec facilité pendant plusieurs journées consécutives, et produire un travail considérable, bien fait, et à la fois merveilleux, pourvu qu'ils aient un bon conducteur. Tous les soins que ce conducteur a besoin d'observer, pendant ce travail, consistent à faire bien tourner cette herse sur son axe lorsqu'elle est arrivée à trois mètres et demi à peu près de distance du bout des champs, pour éviter qu'elle ne s'accroche dans les haies ou dans les fossés par l'extrémité qui tourne; et puis à débarrasser ses dents, ainsi que ses roulettes, de la terre et des débris végétaux qui s'y engagent et les entravent quelquefois, surtout dans les tems où l'humidité surabonde;

maïs dans ces tems, où la terre et les plantes sont imbibées et trop surchargées d'eau, il est prudent de ne point l'introduire dans les champs. Lorsque les mottes de terre sont trop compactes, cette herse ne les ameublit pas assez, soit parce qu'elle est trop légère, soit parce qu'elle ne fait que sautiller; alors, il faut mettre un poids de trois à cinq kilogrammes sur chacune des petites herses qui entrent dans sa composition, en observant que tous ces poids soient exactement égaux pour toutes, afin qu'elle marche régulièrement et d'aplomb; mais dans ces tems de grande sécheresse, on ne doit pas non plus l'introduire dans les champs : on doit choisir, en général, un tems moyen entre l'humidité et la sécheresse extrêmes, pour qu'elle exécute convénablement et avantageusement cette opération.

Cette herse m'a rendu déjà de grands services : elle m'a suffi, traînée par une paire de bœufs de moyenne force, 1.° pour herser avantageusement, pendant le courant du mois de mars dernier, cent cinquante hectares de céréales d'hiver dans l'espace de dix journées de travail; 2.° pour achever de couvrir parfaitement, pendant le courant du mois d'octobre qui vient de s'écouler, une pareille étendue de blé, de seigle, ou d'avoine, dans le même espace de tems; 3.° enfin, pour couvrir aussi parfaitement et aussi expéditivement, pendant ce même mois d'octobre, cinquante quintaux de graine de luzerne que je fis jeter sur cette même surface de terre, immédiatement et successivement après la semaille des céréales, pour y établir une grande prairie artificielle.

On peut donner à cette herse, pendant sa construction, de plus grandes comme de plus petites dimensions, pour l'adapter aux vues et aux besoins des différens cultivateurs; on peut aussi, pour transporter son cadre d'un lieu à un autre avec beaucoup plus de facilité, rendre la jointure de ses deux branches mobile, au moyen d'une charnière, et fixer sa traverse avec des boulons à clavettes libres, afin de pouvoir le fermer et l'ouvrir à volonté comme un compas; on peut également, pour qu'elle tourne sur son axe plus lestement, lorsqu'elle est arrivée au bout des champs, substituer aux roulettes à chapes fixes des roulettes à chapes mobiles; on peut enfin, pour que ces mêmes roulettes ne s'embarrassent pas si souvent de terre, adapter un couteau transverse contre et derrière leurs chapes ; mais, malgré toutes ces modifications dont elle serait susceptible, elle marche et travaille parfaitement bien, telle que je l'ai construite, et, conséquemment, j'aurais cru faire des dépenses inutiles en la disposant différemment; car, la simplicité, la solidité et l'économie dans la construction des instrumens aratoires, et la célérité jointe à la perfection du travail qu'ils doivent exécuter, en employant peu de tems et peu de forces, doivent être, ce me semble, le but principal vers lequel doit tendre tout cultivateur intelligent.

MÉMOIRE

SUR

UN INSTRUMENT

QUI MÉRITERAIT LE NOM DE MOISSONNEUR UNIVERSEL.

Ce second mémoire, non moins intéressant que le premier, a pour objet l'histoire d'une autre de mes découvertes agricoles, celle d'un INSTRUMENT très-économique et très-expéditif pour récolter la graine de la plupart des plantes qui constituent la base essentielle de nos prairies artificielles, de nos prairies naturelles, et même le grain de nos moissons. Je dois cette découverte utile au trèfle incarnat, autrement appelé *ferrou*, *faroun*, ou *farouche* dans la plupart des contrées méridionales de la France.

J'avais une quinzaine d'hectares de ce trèfle incarnat, semé en septembre, 1821, destiné à produire de la graine pour semence, en 1822. A l'époque de sa maturité, vers la fin du mois de mai dernier, je différai sa coupe de trois jours seulement, et la chaleur intense qui régnait alors, qui a même distingué le cours de cette année, devint extrême pendant la série de ces trois jours, et poussa un peu trop loin sa dessiccation : j'y fis porter la faux, et la faux le coupait bien; mais la secousse que lui faisait éprouver son mouvement, quoique simple, doux et léger, suffisait pour en faire égréner la moitié, qui restait sur le sol en pure perte. Je substituai à la faux des personnes qui ramassaient avec les mains sa graine seulement, et laissaient ses tiges et ses feuilles sur pied pour être enfouies ensuite comme engrais végétal : par ce moyen j'avais l'agrément de ramasser la totalité de cette graine, et, en même tems, de l'avoir parfaitement pure; mais cette opération manuelle, très-usitée presque dans tout le midi de la France, et désignée vulgairement, dans la plupart des lieux où on la pratique, par le mot ESPOURROUILLA, me parut trop longue et trop coûteuse pour pouvoir être mise en usage avantageusement. Dès lors, je fus porté à la recherche d'un instrument qui, tout en me procurant ces mêmes avantages, fut beaucoup plus économique et beaucoup plus expéditif : voici ce que j'observai, ce que je pensai et ce que je fis à cet égard.

J'examinai attentivement qu'elle était la meilleure manière de prendre ce trèfle avec les mains, pour bien en ramasser la graine ; et je vis que c'était celle qui consistaït à le saisir immédiatement au-dessous de la tête, avec les doigts tournés en dessus et écartés d'un plus ou moins grand nombre de millimètres les uns des autres selon la grosseur de ses tiges, et, ainsi placés, de faire exécuter à l'ensemble de la main un mouvement horisontal de derrière en avant : par l'effet de ce mouvement, de nouvelles tiges s'engageaient entre les doigts, se poussaient successivement jusqu'au fonds, et là, les têtes parvenues à leur parfaite maturité, se trouvant plus grosses qu'elles, se dépouillaient de leur graine, laquelle était poussée par celle qui lui succédait dans le creux de la main, où elle s'accumulait progressivement.

Je cherchai ensuite à imiter le travail de la main avec quelqu'instrument; et, pour cet effet, je mis en usage d'abord un DÉMÊLOIR et puis une espèce de RATEAU à dents très-rapprochées et à large dossier, construit à la hâte, que je poussai au-dessous des têtes horisontalement en avant : tout me réussit; et le rateau me servit même pour ramasser avec facilité et dans peu de tems une grande quantité de cette graine.

Mais, pendant que ce rateau travaillait, j'observai avec beaucoup de soin et d'exactitude :

1.° Que les dents qui se trouvaient séparées les unes des autres par un espace à peu près égal au diamètre des tiges, ramassaient cette graine parfaitement bien, parce que les tiges s'y introduisaient avec une juste liberté, et que conséquemment les têtes, ne pouvant y passer, étaient forcées à s'égréner sur elles, et à glisser immédiatement après vers et contre le dossier : tandis que celles qui se trouvaient trop serrées, ou trop écartées, la ramassaient parfaitement mal, parce que les tiges ne pouvaient s'introduire dans les premières, et parce que les têtes passaient librement ou restaient engagées dans les secondes ;

2.° Que lorsqu'il était assez chargé de graine, opération qui ne demandait que quelques secondes de tems, s'il continuait de travailler sans être déchargé, cette graine se déversait par tous les côtés, à mesure qu'elle s'y accumulait en excès ;

3.° Enfin, que lorsqu'il traînait immédiatement sur la terre, il se chargeait et s'embarrassait souvent de petites mottes, de petites pierres et de différens débris végétaux, qu'il fallait enlever par tems, pour qu'il ramassât une graine pure, et pour qu'il travaillât expéditivement.

Et, lorsque j'eus fait toutes ces observations, je vis que, pour détruire tous ces inconvéniens, il fallait :

1.° Séparer les dents les unes des autres par un espace à peu près égal au diamètre de la sommité des tiges ;

2.° Joindre une caisse légère et ouverte par devant contre et derrière ces dents ;

3.° Monter cette caisse sur deux petites roulettes.

Je fis subir toutes ces modifications à ce rateau, et ce rateau, ou peigne, prit alors l'aspect et la forme d'une espèce de CHARIOT: les dents, quadrangulaires, pointues, de douze centimètres de longueur, sur un centimètre de hauteur et cinq millimètres de largeur, étaient disposées et fixées sur le bord antérieur du plancher de la caisse, à trois millimètres à peu près de distance les unes des autres. La caisse, de quatre-vingts centimètres de longueur, sur autant de largeur, et de quarante centimètres de hauteur, se prolongeait en pointe antérieurement et latéralement jusqu'au niveau de l'extrémité des dents, pour garantir célles-ci des chocs étrangers. Les roulettes, de quatre centimètres de rayon, sur six centimètres de diamètre, placées sous le milieu transversal de la caisse, une de chaque côté, étaient fixées librement dans des chapes ascendantes et descendantes, qui permettaient de hausser ou de baisser l'instrument à volonté et par degrés insensibles, lorsque la stature particulière du trèfle le nécessitait. Un manche bifurqué était fixé solidement dessous et au milieu du bord postérieur de cette même caisse, afin de pouvoir conduire le tout commodément. *Voyez la planche seconde.*

Cet instrument, poussé par un homme, d'un bout du champ successivement jusqu'à l'autre, et alternativement, ramassait dans un jour, en le déchargeant par tems sur des draps, ou sur la terre, avec les mains, ou avec un racloir particulier, autant de graine de trèfle incarnat que dix faucheurs n'en auraient fauché, et que cent personnes n'en auraient ramassé avec les mains dans le même espace de tems. Il m'a servi, au printems dernier, pour en ramasser plus de deux cents hectolitres; et je suis persuadé qu'en lui donnant de plus grandes dimensions, et en remplaçant son manche bifurqué par un timon, ou par un brancard, afin de pouvoir le conduire avec des bœufs, ou avec des chevaux, il pourrait ramasser dans une journée de tems toute celle que pourrait produire une étendue de cent arpens.

J'ai réfléchi, depuis cette époque, sur les services inapréciables que serait susceptible de rendre cet instrument nouveau; et je me suis convaincu par des expériences exactes, faites en petit, qu'en rapprochant ou en écartant davantage ses dents les unes des autres, conformément à peu près au diamètre de la sommité des tiges des plantes, il serait possible de l'employer pour récolter en grand, et très-expéditivement, non seulement la graine du trèfle incarnat, mais encore celle de la plupart des plantes qui composent nos prairies artificielles, nos prairies naturelles, et même le grain, ou les épis, des céréales qui constituent la base essentielle de nos moissons. Je me propose de le mettre en usage l'été prochain, 1823, pour faire en grand tous ces genres de récoltes; et s'il remplit mon attente, comme je l'espère, il méritera à bien juste titre le nom de MOISSONNEUR UNIVERSEL.

Ici se termine ce que je m'étais proposé de faire connaître depuis quelque tems. Plus tard, je me ferai un plaisir de publier d'autres instrumens d'agriculture de mon invention; notamment une CHARRUE, un ROULEAU et un MOISSONNEUR UNIVERSEL COMposés, que je me propose de construire sur le modèle, direct ou renversé, de ma herse composée, pour exécuter de grands travaux dans un clin d'œil; ainsi qu'une espèce de FAUX qui doit produire, dans un tems donné, au moins cinquante fois plus de travail que la faux ordinaire généralement connue, soit pour la fauchaison des céréales, soit pour celle des prairies artificielles, peut-être aussi pour celle des prairies naturelles : mais cette espèce de faux, que j'ai construit et fait travailler l'été dernier, n'a point eu tout le succès que j'en attendais; plusieurs raisons, que l'expérience seule m'a fait connaître, s'y sont opposées; j'espère cependant qu'après lui avoir fait subir des modifications particulières, suggérées par mes réflexions, elle méritera peut-être un jour, conjointement avec ma charrue, ma herse, mon rouleau et mon moissonneur universel composés, une place distinguée parmi les instrumens ÉCONOMIQUES et EXPÉDITIFS de l'agriculture.

Enfin, lorsque mes occupations vétérinaires, agricoles, et d'histoire naturelle me le permettront, j'exposerai succinctement le

SYSTÈME de CULTURE que j'ai établi sur mon domaine, situé à peu près sous le quarante-troisième degré de latitude, lequel a déjà trouvé un grand nombre d'imitateurs parmi les cultivateurs raisonnables des contrées voisines, malgré les invectives ardentes qui m'ont été lancées de toutes parts, pendant le cours de tous mes travaux : dans cet exposé succint, je parlerai principalement de la disposition plate et presque horisontale de la surface de mes champs, privés de sillons et de billons, ainsi que de PASSADES, dans quelque terre siliceuse, calcaire, argileuse et franche que ce soit, située sur côte ou sur plaine, et dans quelqu'exposition qu'elle se rencontre; du genre des labours raisonnés que j'y exécute; de l'assolement que j'y ai adopté; de la manière de faire les récoltes économiquement et expéditivement, et d'en employer les fruits avantageusement; des expériences, des essais que j'y fais; en un mot, des résultats généraux, et jusqu'à présent avantageux, de presque tous mes travaux.

FIN.

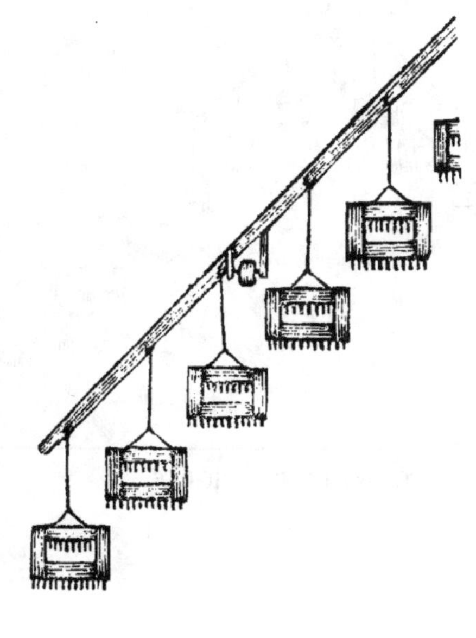

HERSE

PLANCHE PREMIÈRE.

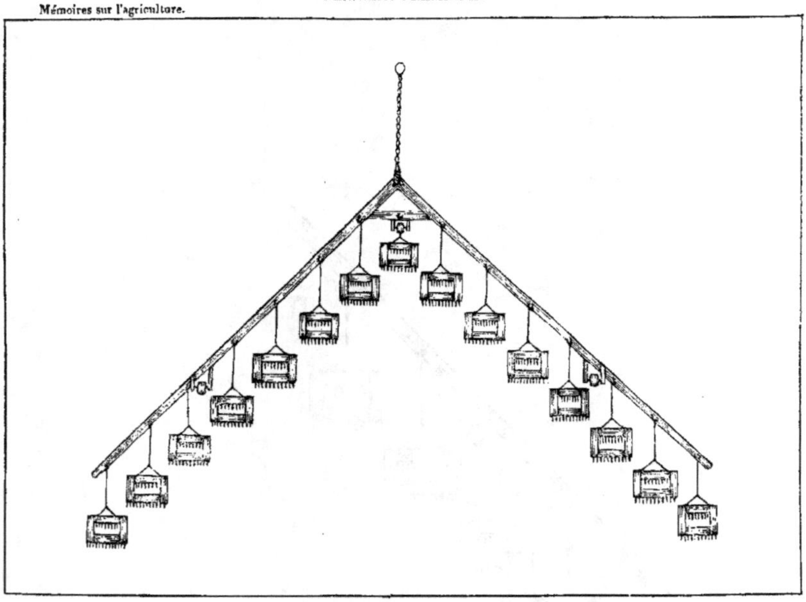

HERSE COMPOSÉE DE RHODES.

Mémoires sur l'agriculture.

MOISSON

PLANCHE SECONDE.

MOISSONNEUR UNIVERSEL DE RHODES.

www.ingramcontent.com/pod-product-compliance
Lightning Source LLC
LaVergne TN
LVHW012023160826
845678LV00002B/988

* 9 7 8 2 3 2 9 6 6 1 9 3 3 *